# 家居细部与
# 材料价格详解
# 2000 例

华浔品味装饰 编著

**卧室 书房**
*Bedroom & Study*

海峡出版发行集团
THE STRAITS PUBLISHING & DISTRIBUTING GROUP
福建科学技术出版社
FUJIAN SCIENCE & TECHNOLOGY PUBLISHING HOUSE

001

002

003

004

## 卧 室

001 床头背景墙面紫色调的软包给空间带来浪漫的气息，墙面的镜面玻璃装饰丰富了空间层次。

002 床头背景两侧对称的深色木饰面令气氛沉稳、内敛，软包的运用令气氛大气、典雅。

003 黑白对比的色调带来丰富的视觉感受；黑镜丰富了视觉层次，虚实间将空间演绎得舒适、宁静。

004 暖黄色调的壁纸装饰卧室墙面，给人一种宁静致远的视觉感受。

005 镜面玻璃的运用丰富了视觉层次，紫色的软包背景营造了成熟大气的空间氛围。

006 实木地板令卧室空间更温馨、舒适，简洁的家具赋予了空间现代时尚感。

005

006

① 皮革软包
80元/平方米

② 褐色软包
80元/平方米

③ 黑镜
90元/平方米

④ 硬包
40元/平方米

⑤ 银箔壁纸
55元/平方米

⑥ 复合实木地板
120元/平方米

⑦ 植绒壁纸
45元/平方米

⑧ 复合实木地板
120元/平方米

⑨ 壁纸
35元/平方米

⑩ 硬包
40元/平方米

⑪ 无纺布壁纸
40元/平方米

007

008

009

010

011

007 暖黄色的软包背景令卧室大气、舒适；水晶吊灯的点缀，
丰富了空间层次。

008 方形吊顶中圆形的造型丰富了空间语言；柔和的灯光衬托
暖色的墙面，赋予了空间宁静感。

009 深色的实木地板令卧室气氛沉稳，精美的家具及水晶吊灯
表现出欧式古典的优雅。

010 墙面的暖黄色壁纸在暖色灯光的映衬下，令典雅大气的空
间呈现出温馨舒适的氛围。

011 床头背景一幅色彩艳丽的油画给空间带来自然的气息，简
洁精致的古典家具令卧室充满浓浓的欧式气息。

012　白色的墙面洁净素雅，深蓝色的软包背景与家具的白色调形成强烈的视觉反差，张扬个性美。

013　卧室床头背景墙面对称的造型令空间更整洁，镜面玻璃的运用令视野得以延伸，丰富了空间层次。

014　软包背景给空间带来时尚感，精美的家具令空间显得尊贵大气。

015　卧室背景墙面黑镜的运用丰富了视觉层次，两侧对称的木饰面造型强调空间的整体性。

016　暖黄色的壁纸令卧室气氛温馨、舒适，软包背景凸显主人的高贵品味。

❶ 绒布软包
60 元 / 平方米

❷ PVC 壁纸
35 元 / 平方米

❸ 软包
80 元 / 平方米

❹ 黑镜
90 元 / 平方米

❺ 复合实木地板
120 元 / 平方米

❻ 植绒壁纸
50 元 / 平方米

❼ 复合实木地板
120 元 / 平方米

❽ 复合实木地板
120 元 / 平方米

❾ 橡木饰面板
40 元 / 平方米

❿ 无纺布壁纸
35 元 / 平方米

017

018

019

020

021

017 卧室环境洁净、素雅；黑镜与白墙的对比，带来丰富的视觉感受，增添空间的时尚感。

018 卧室吊顶圆形的造型柔化了空间，柔和灯光衬托下的古典家具散发着典雅唯美的韵味。

019 卧室床头柜与床连为一体的结构增添了空间现代时尚感，灯带发出的暖色灯光烘托了温馨的气氛。

020 梯形的吊顶设计拉伸纵向空间；背景墙面的木饰面与家具色调相统一，营造了一个沉稳内敛的卧室环境。

021 大面积的木饰面与实木地板色调保持一致，令空间整体统一；精美的家具令空间充满欧式古典的气息。

022 卧室色调温馨、舒适，水晶吊灯成为空间亮点，增添了
空间画面的美感。

023 深色的实木地板令空间气氛大气、沉稳，背景墙面黑镜
的运用令欧式空间多了几分冷静与理性。

024 紫色的软包背景令空间充满紫罗兰式的浪漫，浅色的碎
花壁纸令气氛高雅、舒适。

025 典雅的色调温馨、舒适，水晶吊灯活跃空间气氛，精致
的家具传递着古典的气氛。

026 黑白色调对比的家具丰富了空间语言，素雅的墙面壁纸
色调烘托了家具的精致与优雅。

❶皮革软包
80元/平方米

❷壁纸
35元/平方米

❸软包
80元/平方米

❹复合实木地板
120元/平方米

❺PVC壁纸
35元/平方米

❻植绒壁纸
45元/平方米

❼复合实木地板
120元/平方米

❽银箔壁纸
45元/平方米

❾壁纸
45元/平方米

❿壁纸
45元/平方米

027

028

029

030

031

027　白色调的碎花壁纸营造了温馨的休息环境；红色的休闲椅成为视觉焦点，给空间注入了新鲜活力。

028　暖黄色的墙面温馨、舒适，搭配紫色调的家具，将空间演绎得高贵典雅。

029　卧室背景墙面的手绘画给空间带来大自然的气息，吊顶的图案令空间更加丰富生动。

030　卧室吊顶的弧形造型给空间带来律动感，两侧对称的镜面玻璃装饰拉伸了视觉空间。

031　暖黄色的壁纸在柔和灯光的衬托下令卧室气氛低调而内敛，精美的吊灯极具装饰美感。

032

032 方中套圆的吊顶设计丰富了空间层次；奢华的家具、精美的摆件，细节的打造呈现高端品质生活。

033 背景墙面的镜面玻璃视觉上放大了空间，暖色调的软包营造出优雅迷人的空间氛围。

034 卧室背景墙面大面积运用镜面玻璃，丰富了空间语言，拉伸了视觉空间。

035 卧室背景的银镜搭配珠帘，营造时尚温馨的睡眠环境；实木地板铺设出自然、温暖的感觉。

036 吊顶的设计增添了空间的流动感，暖黄色的壁纸令空间散发着宁静淡雅的气息。

033

034

035

036

❶ 硬包
60 元 / 平方米

❷ 皮革软包
80 元 / 平方米

❸ 银镜
80 元 / 平方米

❹ 雕花银镜
90 元 / 平方米

❺ 壁纸
45 元 / 平方米

❻ 植绒壁纸
45 元 / 平方米

❼ 壁纸
45 元 / 平方米

❽ 硬包
40 元 / 平方米

❾ 软包
80 元 / 平方米

❿ 复合实木地板
120 元 / 平方米

⓫ 壁纸
45 元 / 平方米

037

038

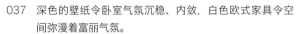
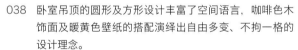

037 深色的壁纸令卧室气氛沉稳、内敛，白色欧式家具令空间弥漫着富丽气氛。

038 卧室吊顶的圆形及方形设计丰富了空间语言，咖啡色木饰面及暖黄色壁纸的搭配演绎出自由多变、不拘一格的设计理念。

039 壁纸的碎花给空间带来情趣，大幅镜面玻璃的运用，延伸了视野，呈现出空间的渐进性。

040 软包的背景令卧室气氛浪漫、温馨，镜面玻璃的运用给空间增添了时尚感。

041 深色的木饰面令空间气氛沉稳、大气，精心搭配的古典家具使空间显得高贵不凡。

042 卧室整体浅暖的色调，整洁舒适；绿色植物的摆放给卧室带来了大自然的气息。

039

040

041

042

043

044

043 整面墙做衣柜，实用、美观；吊顶的金箔在暖色灯光的
烘托下，完美演绎了大气的欧式空间。

044 吊顶的弧形设计增添空间流动性，墙面的造型给空间带
来趣味。

045 暖色调的软包背景令空间洋溢着暖暖的温情，黑镜的运
用带来强烈的视觉对比。

046 白色的家具令空间雍容而不奢华；黑白色调对比的背景
墙面，营造了时尚、大气的空间氛围。

047 有色乳胶漆的墙面搭配浅蓝色的衣柜门板，令空间气氛
温馨、浪漫。

045

046

047

❶ 复合实木地板
120元/平方米

❷ 印花壁纸
45元/平方米

❸ 黑镜
90元/平方米

❹ 黑镜
90元/平方米

❺ 实木地板
180元/平方米

❻ 皮革软包
80元/平方米

❼ 硬包
40元/平方米

❽ 复合实木地板
120元/平方米

❾ 无纺布壁纸
40元/平方米

❿ 复合实木地板
120元/平方米

048

049

050

048　吊顶设计给卧室带来流动感，软包的运用赋予空间时尚气息。

049　圆形的吊顶搭配精美的水晶吊灯，带来丰富的视觉享受；大面积硬包的运用，营造一种清新婉丽又时尚大方的环境。

050　白色系的家具令卧室气氛轻松、舒适。浅绿色的罗马帘给卧室带来一丝自然的气息。

051　精美的卧室家具展现着简欧的魅力，深色的实木地板赋予了空间宁静感。

052　卧室整体色调舒适、温馨，特色的吊灯赋予了空间宁静感。

051

052

053 床头背景的拱形造型搭配浅暖色的壁纸，令空间华丽而典雅；欧式家具迎合了整体的装修风格。

054 床头背景墙面上条纹壁纸视觉上拉伸空间，浅暖的色调温馨舒适。

055 黑白色调对比的背景墙面给卧室带来丰富的视觉冲击力，白色的家具及镂空的花格板令空间欧式韵味十足。

056 卧室床头背景的储物柜实用、美观，镜面玻璃的运用视觉上放大了空间。

057 卧室背景墙面用灰镜和软包装饰，带来丰富的视觉感受；一幅黑白装饰画给空间带来时尚感。

❶ 复合实木地板
120 元 / 平方米

❷ 植绒壁纸
45 元 / 平方米

❸ PVC 壁纸
40 元 / 平方米

❹ 银箔壁纸
50 元 / 平方米

❺ 灰镜
85 元 / 平方米

❻ 皮革软包
80 元 / 平方米

❼ 复合实木地板
120 元 / 平方米

❽ 壁纸
50 元 / 平方米

❾ 银镜
80 元 / 平方米

❿ 复合实木地板
120 元 / 平方米

058

059

060

058　卧室床头背景两侧用车边银镜装饰，视觉上拉伸空间；对称的造型令空间更加整洁，软包提升空间的高贵感。

059　卧室墙面洁净素雅，白色的家具打造了舒适的睡眠环境。

061

062

060　卧室墙面用浅暖色的壁纸装饰，令空间洋溢出典雅宁静的气息。

061　吊顶弧形的造型增添空间的流动感，背景镜面玻璃的装饰，丰富了空间语言。

062　吊顶的实木花格板迎合了整体的中式装修风格；中式的床铺搭配气质古朴的书桌，将东方传统美学演绎得淋漓尽致。

063　方中套圆的吊顶设计丰富了空间层次，欧式家具的摆放令空间更显大气。

064　浅暖色的壁纸与白色的墙面一起营造了沉稳内敛的休憩环境，家具的摆放令空间流露出淡淡的简欧风情。

065　卧室床头背景的皮质软包令空间大气、时尚，吊顶及墙面上精致的线条带来了高贵细腻的欧式情调。

066　软包背景令卧室温馨、舒适，古典家具在灯光的映衬下展现典雅的魅力。

067　卧室电视背景两侧对称的收纳柜实用美观，水晶吊灯与欧式家具令空间尊贵、大气。

❶ 红镜
90 元 / 平方米

❷ 壁纸
50 元 / 平方米

❸ 皮革软包
80 元 / 平方米

❹ 植绒壁纸
50 元 / 平方米

❺ 无纺布壁纸
40 元 / 平方米

    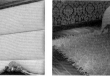

❻ 布艺软包
80 元 / 平方米

❼ PVC 壁纸
40 元 / 平方米

❽ 绒布软包
70 元 / 平方米

❾ 复合实木地板
120 元 / 平方米

❿ 印花壁纸
50 元 / 平方米

068 吊顶的设计丰富了空间语言，浅暖色调的软包令空间温馨、舒适，镜面玻璃的运用拉伸空间层次。

069 暖黄色的大理石装饰拱形门洞，令空间华丽不失温馨；墙面素雅的色调烘托出家具的精致与优雅。

070 卧室床头的软包装饰令环境温馨而舒适，欧式家具的摆放展现出空间特有的典雅和魅力。

071 卧室床头背景两侧的镜面玻璃装饰带来丰富的视觉效果，暖色系的壁纸与软包赋予空间闲适感。

072 紫色系的壁纸及软包令卧室环境温馨而浪漫，家具的摆放令空间充满着浓浓的欧式气息。

073　卧室空间时尚温馨，清爽整洁的白色家具营造出简约时尚的家。

074　卧室床头背景两侧对称的造型令环境更加统一；黑白对比的色调刺
　　　激人的感官，丰富视觉感受。

075　白色的皮质软包搭配精美的家具，流露出主人的欧式情结；装饰画
　　　的摆放给空间带来灵动气息。

076　特色的吊顶设计令空间气氛更加活跃，带来灵动感；大面积的软包
　　　尽显雍容华贵。

077　床头背景大幅色彩艳丽的手绘画给卧室带来自然的气息，整体蓝白
　　　的色调清新、舒适。

073

074

075

076

077

❶ 壁纸
45 元 / 平方米

❷ 无纺布壁纸
40 元 / 平方米

❸ 皮革软包
80 元 / 平方米

❹ 绒布软包
80 元 / 平方米

❺ 复合实木地板
120 元 / 平方米

❻ 壁纸
45 元 / 平方米

❼ 印花壁纸
45 元 / 平方米

❽ 软包
80 元 / 平方米

❾ 软包
80 元 / 平方米

❿ 金刚板
80 元 / 平方米

078 卧室床头背景透出的暖色灯光将空间烘托得温馨、浪漫，营造出成熟大气的空间氛围。

079 中式风浓郁的空间，以深褐色的木线条为主角。精工细作的木雕窗格搭配镜面玻璃，繁花似锦的壁纸搭配胡桃木收边线条，将空间演绎得耐人寻味。

080 梯形的吊顶视觉上拉伸纵向空间，水晶吊灯华贵却不张扬，其暖色光线使空间显得柔和而温馨。

081 米黄色调打造了温馨的空间氛围，加上线条简洁的黑白家具，整个空间显得优雅而灵动。

082 不同规格的硬包有序排列在背景墙面上，沉稳的色调营造了内敛有意境的居室空间。

078

079

080

082

081

083

084

085

086

083　素雅的壁纸搭配简洁的线条，为
　　　空间注入了现代简约的主题；镜
　　　面玻璃的搭配，诠释了虚实的关
　　　系，在灯光下折射出无穷的魅力。

084　暖黄色的壁纸令休息环境温馨而
　　　典雅，与白色的衣柜共同营造出
　　　宁静的空间氛围。

085　深色系的软包与浅色的壁纸形成
　　　对比，使空间富有节奏感。

086　壁纸浅暖的色调软化了空间，视
　　　觉上给人淡淡的温馨；几处镜面
　　　玻璃装饰视觉上拓展了整个空间。

087　简洁的线条营造了简约而时尚的
　　　空间，背景墙面的块面设计更是
　　　独具匠心。

087

❶ 植绒壁纸　❷ 壁纸　❸ 布艺软包　❹ 镜面玻璃　❺ 复合实木地板
40元/平方米　35元/平方米　60元/平方米　90元/平方米　120元/平方米

❻ 镜面玻璃　❼ PVC壁纸　❽ 复合实木地板　❾ 植绒壁纸　❿ 壁纸
90元/平方米　35元/平方米　120元/平方米　55元/平方米　45元/平方米

088

088　卧室电视背景墙上镜面玻璃的运用视觉上放大了空间，丰富视觉层次。

089　床头背景壁纸的装饰给卧室带来浪漫的气息，镜面玻璃的运用给空间带来时尚与精彩。

090　灰色的乳胶漆墙面渲染出宁静理性的氛围。

091　暖黄色的壁纸渲染了大气、奢华的空间氛围，精美的家具表现出欧式古典的优雅。

092　米黄色调式营造温馨家居的手法之一，本案设计师运用米黄色的壁纸装饰墙面，令空间显得华丽而大气。

089

090

091

092

093　简洁的造型设计，没有奢华，没有繁琐，却有格调。

094　软包令卧室温馨、舒适；吊顶的垂帘成为空间的视觉焦点，打造充满灵性的空间。

095　暗色的壁纸营造沉稳内敛的卧室环境，绿色植物的摆放给空间带来自然的气息。

096　整体的浅黄色调淡雅、温馨，浅紫色调的家具令轻度奢华的空间散发着温馨、优雅的气息。

097　空间整体色调清透淡雅，氛围舒适宁静。

098　白色和暖黄色组成了淡雅、柔和的空间，层叠的吊顶设计丰富了空间语言。

❶ 植绒壁纸　45元/平方米　　❷ 软包　80元/平方米　　❸ 壁纸　45元/平方米　　❹ 绒布软包　80元/平方米　　❺ 硬包　40元/平方米　　❻ 壁纸　45元/平方米

❼ 镜面玻璃　90元/平方米　　❽ 无纺布壁纸　45元/平方米　　❾ 软包　80元/平方米　　❿ 植绒壁纸　50元/平方米　　⓫ 印花壁纸　40元/平方米

099

100

101

099　壁纸、实木花格、衣柜的推拉门，中式元素随处可见，散发着东方文化特有的美。

100　绿色系的壁纸与白色的家具搭配共同营造了清新淡雅的居室环境，地毯的运用使卧室更温馨。

101　吊顶的圆形设计柔化了空间，软包、壁纸与镜面玻璃均采用卷草纹图案，体现了整体和连贯性。

102　暖黄色的壁纸极好地渲染了空间的温馨氛围，床头背景两幅抽象画给卧室增添时尚气息。

103　衣柜柜门采用百叶形式，令空间更整洁；大面积的暖色系壁纸，营造了典雅高贵又温馨柔和的空间形象。

102

103

104　电视背景墙上的垂帘增添了空间的浪漫感，经典复古的家具诉说着欧式格调的优雅迷人。

105　暖色系的软包赋予了空间温暖的气氛，简洁的欧式家具展现了主人高贵的生活品质。

106　大面积壁纸的运用令空间演绎出典雅宁静的气息，白色系的家具使整个空间散发着独特的魅力。

107　通透的花格板隔开了卧室与书房空间，扩大了视野，同时活跃了空间气氛。

108　暖黄色的软包背景与白色的家具搭配，共同营造出幽雅迷人的空间氛围。

109　紫色的软包背景给卧室带来神秘与浪漫的气息；素白的家具搭配精美的吊顶，将空间演绎得高贵、典雅。

❶ 印花壁纸
40元/平方米

❷ 皮革软包
80元/平方米

❸ 银箔壁纸
50元/平方米

❹ 植绒壁纸
40元/平方米

❺ 硬包
60元/平方米

❻ 布艺软包
70元/平方米

❼ 条纹壁纸
40元/平方米

❽ 壁纸
40元/平方米

❾ 绒布软包
80元/平方米

❿ 镜面玻璃
90元/平方米

⓫ 壁纸
40元/平方米

110

111

112

110　黑与白的经典搭配，既对比又和谐，视觉效果强烈，打造出幽雅时尚的清透空间。

111　卧室床头背景的弧形设计与吊顶相呼应，搭配暖黄的的地毯，营造出轻松舒适的生活质感。

112　深咖啡色的软包背景令气氛内敛、沉稳，白色的欧式家具令典雅的空间尽显华贵气质。

113　背景墙面软包与镜面玻璃的搭配，材质上形成鲜明对比，营造出纯美、简约的家。

114　紫色的印花壁纸及有色漆墙面营造出童话般的纯真浪漫，恰到好处地烘托出主题空间的柔美气质。

113

114

115

116

117

118

115 树的形态在银镜上肆意地伸
展，于素色的空间里展现自然
与时尚的姿态。

116 吊顶精美的图案展现了欧式
的精致，复古的吊灯和欧式家
具令典雅的空间尽显华贵气
质。

117 卧室整体色调淡雅、舒适。华
丽的水晶吊灯和精美的家具，
流露出时尚与奢华的气息。

118 暖黄色调的有色乳胶漆墙面搭
配天蓝色的吊顶，令空间呈现
出含蓄优雅又柔和的氛围。

119 壁纸、窗帘及床上用品色调保
持一致，体现了空间的整体性。

119

❶ 镜面玻璃
90元/平方米

❷ 皮革软包
80元/平方米

❸ 壁纸
40元/平方米

❹ 复合实木地板
120元/平方米

❺ 植绒壁纸
50元/平方米

❻ 软包
80元/平方米

❼ 硬包
40元/平方米

❽ 无纺布壁纸
40元/平方米

❾ 壁纸
45元/平方米

❿ 皮革软包
80元/平方米

120 吊顶的透空花格板给卧室带来了情趣，拱形的门洞迎合了整体的欧式装修风格。

121 黑白色调对比的家具带来丰富的视觉冲击力，给空间带来时尚感。

122 碎花壁纸与白色家具搭配，营造了浪漫、田园的卧室氛围。

123 素雅的壁纸搭配简洁的家具，营造出纯美简约的家。

124 奢华的墙面设计，搭配欧式的床铺，共同打造出细腻婉约的欧式情调。

125　卧室墙面两幅色彩艳丽的装饰画给空间带来活跃的气氛。

126　软包墙面令卧室更加时尚、大气；璀璨的吊灯使空间明亮开阔，令卧室散发着淡淡的美。

127　圆形的吊顶设计与床铺的形状相呼应，增添了空间的完整与统一；暖黄色的壁纸使空间显得既温馨又不失奢华。

128　梯形的吊顶设计搭配精美的吊灯，成为空间的视觉焦点，使简约的欧式空间流露出精致的美感。

129　卧室墙面的凹凸造型丰富空间层次，灰镜的运用带来明亮的视觉效果。

❶ 无纺布壁纸
45 元 / 平方米

❷ 硬包
60 元 / 平方米

❸ 皮革软包
80 元 / 平方米

❹ 复合实木地板
130 元 / 平方米

❺ 灰镜
90 元 / 平方米

❻ 硬包
60 元 / 平方米

❼ 植绒壁纸
45 元 / 平方米

❽ 复合实木地板
120 元 / 平方米

❾ 壁纸
45 元 / 平方米

❿ 软包
80 元 / 平方米

130

131

132

130　用软包装饰卧室背景墙，使整个空间显得柔软而温馨，令空间散发着独特的魅力。

131　浅绿色的壁纸令卧室清新舒适，田园气息油然而生。

132　卧室气氛沉稳、内敛，大面积木饰面展现家居生活的轻松自在。

133　卧室背景两侧对称的花格板营造了中式的氛围，装饰挂画给空间带来大自然的无限生机。

134　大面积的竖条纹壁纸视觉上拉伸纵向空间，暖黄色的软包背景流露出欧式古典的时尚气息。

133

134

135 浅暖色的壁纸营造了清新自然的欧式空间，与同色系的软包背景一起打造了华丽大气的卧室空间。

136 层叠的吊顶设计丰富了空间层次；吊灯成为视觉焦点，并与精致的欧式家具一起塑造了典雅的居室环境。

137 粉色系的软包背景搭配白色的帷幔及珠帘，令卧室充满了浪漫的气息。

138 大面积的米黄壁纸铺陈辉煌的底色，紫光檀的实木家具呈现中式风格的雍容华贵。

139 卧室背景墙面的装饰画色彩对比强烈，带来丰富的视觉冲击力，增添空间的时尚感。

❶ 皮革软包　　❷ 壁纸　　　❸ 复合实木地板　❹ 绒布软包　　❺ 壁纸
80 元 / 平方米　45 元 / 平方米　120 元 / 平方米　70 元 / 平方米　35 元 / 平方米

❻ 壁纸　　　　❼ 车边银镜　　❽ PVC 壁纸　　❾ 金刚板　　　❿ 无纺布壁纸
35 元 / 平方米　80 元 / 平方米　40 元 / 平方米　90 元 / 平方米　40 元 / 平方米

140

140　粉红色的花纹壁纸搭配粉红色的吊灯，营造出童话般的纯真浪漫，恰似少女瑰丽的梦境。

141　吊顶太阳、月亮、星星的造型设计强调了人与自然的和谐交流，使空间层次更加丰富。

142　暖色系的背景壁纸装饰背景，清新温婉的壁纸色调使人轻松舒适。

143　深色系的硬包展现出冷峻中兼容温柔的别样魅力；灯光的烘托，给空间增添了一丝浪漫气息。

144　浅色的竖条纹壁纸给空间带来田园的小清新，搭配色彩艳丽的油画，使空间唯美怡人。

141

142

143

144

145

145 暖黄色的壁纸与白色的家具共同营造轻松舒适的睡
    眠环境，深色的床头柜令气氛更加沉稳。

146 整体色调素白洁净，墙面的挂画丰富了空间的视觉
    感受，提升空间的艺术气息。

147 中式透空板的运用让现代简约的空间气韵生动起来，
    流露出主人的中式情结。

148 床头背景用软包装饰，给卧室带来温暖舒适的感觉。

149 深色的地毯令卧室气氛沉稳内敛，素雅的软包背景
    令空间轻快又不失稳重内涵。

146

147

148

149

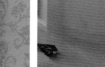  

❶ 无纺布壁纸　　❷ 金刚板　　❸ 复合实木地板　　❹ 磨砂玻璃　　❺ 硬包
40 元 / 平方米　80 元 / 平方米　120 元 / 平方米　70 元 / 平方米　60 元 / 平方米

❻ 橡木饰面板　❼ 壁纸　　❽ 软包　　❾ 皮革软包　　❿ 硬包
40 元 / 平方米　45 元 / 平方米　80 元 / 平方米　80 元 / 平方米　40 元 / 平方米

150

151

152

150　大面积橡木饰面板的运用，令卧室更亲近自然；白色系的床铺使空间弥漫着浓浓的暖意。

151　背景墙面紫色帷幔的运用令卧室浪漫、舒适，精美的欧式家具展现了主人的生活品味。

152　大面积软包的运用给人舒适感，淡雅的色调令空间高贵典雅的古典气质油然而生。

153　卧室墙面以暖黄色的基调，与家具保持一致，体现空间的统一与整体性。

154　大量拱形的的造型呼应了整体的欧式装修风格，别具设计的吊顶丰富了空间语言。

153

154

155 卧室墙面浅色系的壁纸赋予了空间宁静感；层叠的吊顶搭配精美的吊灯，令空间洋溢着时尚、高贵的气息。

156 粉红色的窗帘给卧室带来无尽的幻想，欧式家具塑造出魅力独特的休息环境。

157 相片墙的设计给人温馨感，呈现出一种优雅的生活态度。

158 暖黄色调的壁纸让空间具有舒适自然的生活美感，让人简单自由地生活。

159 墙面到吊顶连贯的设计独具匠心，大面积有色乳胶漆的墙面增添空间的温馨感。

160 卧室背景的软包令气氛更加温馨；精美家具的摆放，打造出爽朗华贵的大气之家。

❶ 壁纸
45 元 / 平方米

❷ 植绒壁纸
50 元 / 平方米

❸ PVC 壁纸
40 元 / 平方米

❹ 复合实木地板
120 元 / 平方米

❺ 有色乳胶漆
30 元 / 平方米

❻ 软包
80 元 / 平方米

❼ 皮革软包
80 元 / 平方米

❽ 壁纸
45 元 / 平方米

❾ 米色软包
80 元 / 平方米

❿ 壁纸
55 元 / 平方米

161

162

161　吊顶的设计丰富了空间层次，背景的软包给空间注入雍
　　容华贵的气息。

162　卧室空间中式韵味十足，壁纸搭配深色的线条令空间沉
　　稳而不做作、低调而不失内涵。

163　偌大的拱形门洞呼应了欧式的装修风格；白色系的家具
　　搭配暖黄色的软包背景，带出一种干净整洁的视觉效果。

164　吊顶及灯带发出的暖色灯光将卧室映衬得富丽堂皇，给
　　人以典雅高贵之感。

164

165

166

167

165 紫色的软包背景及壁纸增添了浪漫的视觉效果，空间呈现出纯粹而又细腻的美感。

166 白色与蓝色的搭配清新舒适，暖色的灯光将卧室环境烘托得浪漫、愉悦。

167 抬高的地面区分卧室与书房，床头背景的软包装饰成为视觉焦点。

168 床头背景两侧对称的造型令卧室空间更加整洁，浅色的软包为空间增添一抹温馨。

169 床头背景墙面上的婚纱照烘托了卧室浪漫温馨的气氛。

168

169

❶ 软包
80 元 / 平方米

❷ 壁纸
40 元 / 平方米

❸ 无纺布壁纸
40 元 / 平方米

❹ 软包
80 元 / 平方米

❺ 复合实木地板
120 元 / 平方米

❻ 壁纸
40 元 / 平方米

❼ 银箔壁纸
40 元 / 平方米

❽ 硬包
60 元 / 平方米

❾ 皮革软包
80 元 / 平方米

❿ 复合实木地板
120 元 / 平方米

170

171

172

170 没有过多设计的墙面用暖色系壁纸装饰，浅浅的花纹令空间充满温情。

171 卧室吊灯成为空间的视觉焦点，丰富空间语言。

172 软包与壁纸的色调保持一致，体现了空间的统一与整体；黑白色调对比的家具，丰富视觉效果。

173 卧室背景用软包装饰，对称的造型、浅暖的色调，营造了华丽大方居室环境。

174 水晶吊灯丰富了空间层次，家具与软包色调保持一致，营造出成熟大气的空间氛围。

173

174

175

175 白色的家具呼应欧式风格主题的同时，也让卧室更加清爽、整洁。

176 繁复的图案、米黄的色调、富有品味的软装，共同营造高贵又温馨的卧室环境。

177 中式风浓郁的空间，以梅为题材的壁纸配以泰柚实木条，宫廷式吊灯配以简约家具，背景设计简约对称，耐人寻味。

178 蓝白色调的卧室温馨舒适，墙面的卡通图案设计令空间充满趣味性。

179 梯形的吊顶设计令卧室更加大气，暖黄色的软包背景搭配壁纸，一起营造高贵、温馨的卧室环境。

176

177

178

179

① 印花壁纸
50元/平方米

② 银箔壁纸
45元/平方米

③ 壁纸
45元/平方米

④ 有色乳胶漆
30元/平方米

⑤ 软包
80元/平方米

⑥ 条纹壁纸
40元/平方米

⑦ 复合实木地板
120元/平方米

⑧ 地毯
100元/平方米

⑨ 银箔壁纸
45元/平方米

⑩ 皮革软包
80元/平方米

180

181

182

183

184

180 粉色的竖条纹壁纸搭配白色的家具，配以同色系的窗帘及床上用品，打造了一个温馨浪漫的"童话世界"。

181 卧室吊顶设计丰富空间语言，粉色系的乳胶漆墙面恰到好处地烘托出主题空间的柔美气质。

182 吊顶的星星图案给卧室带来童趣，浅蓝色的卡通图案壁纸给简单的卧室空间增添了生活情趣。

183 深色的软包背景给卧室带来几许稳重感；顶棚的细部设计搭配金色调壁纸，让空间富有韵味。

184 卧室背景的软包赋予了空间现代时尚感，暖黄色的壁纸营造了温馨舒适的卧室环境。

185

186

187

188

185　白底蓝色花纹的壁纸给卧室空间带来几许自然气息，白色的家具渲染了现代简约氛围。

186　背景墙面拱形的造型衬以特色的花纹壁纸，搭配白色的家具，使空间充满温暖的气息。

187　浅紫色的软包背景搭配暖色系的家具，令卧室环境温馨、浪漫。

188　卧室设计简约时尚，深紫色的硬包背景与沙发的色调保持一致，一起打造温馨、小资的空间。

189　浅蓝色的有色乳胶漆墙面给空间带来清新自然的气息，精美的吊灯加之柔和的灯光，令整个空间显得温柔而温馨。

190　精美的欧式家具搭配吊顶，营造了沉稳大气的简欧空间；暖色系的壁纸令气氛更加浓郁。

189

190

❶ 壁纸
45 元 / 平方米

❷ 复合实木地板
120 元 / 平方米

❸ 灰紫色软包
80 元 / 平方米

❹ 硬包
60 元 / 平方米

❺ 有色乳胶漆
30 元 / 平方米

❻ 植绒壁纸
45 元 / 平方米

❼ 米色软包
80 元 / 平方米

❽ 皮革软包
80 元 / 平方米

❾ 复合实木地板
120 元 / 平方米

❿ 无纺布壁纸
45 元 / 平方米

191

192

193

194

191 层叠的吊顶下水晶吊灯晶莹剔透，白色调的软包背景搭配欧式家具，空间更显奢华大气。

192 黑白色调的软包背景突出视觉感，既对比又和谐，打造精致的欧式空间。

193 蓝色调的墙面清新、舒适，黑白色调的抽象装饰画让空间富有时尚感。

194 深色的实木线条及花格搭配以荷为题材的水墨画，打造宁静的"荷韵"空间。

195 "予独爱莲"的禅意心境通过软包上的荷花图案抒发出来，这也给空间带来"静"的美好感受。

196 碎花壁纸搭配白色系的家具，令卧室田园气息浓厚，空间呈现一派清新自然。

197 卧室背景两侧用印花金镜装饰，视觉上延伸了空间，中间的软包背景给卧室带来几分精致感。

198 卷草纹图案的软包背景给空间带来些许浪漫气息，配以米色壁纸的装饰，空间整体显得温馨、现代。

199 墙面蓝色与黄色的碰撞打造了浪漫的地中海风情；色彩艳丽的手绘画作品，活跃了空间气氛。

200 卧室整体的暖黄色调，赋予了空间高贵的品质，壁纸与软包一起打造出温馨、小资的简欧风情。

❶ 软包
80元/平方米

❷ 印花壁纸
45元/平方米

❸ 软包
80元/平方米

❹ 绒布软包
80元/平方米

❺ 仿古砖
70元/平方米

❻ 米色软包
80元/平方米

❼ 金刚板
80元/平方米

❽ 复合实木地板
120元/平方米

❾ 壁纸
45元/平方米

❿ 布艺软包
70元/平方米

⓫ 无纺布壁纸
40元/平方米

201 卧室吊顶设计丰富了空间语言；墙面浅蓝的色调搭配白色的家具，带来时尚的清新风。

202 卧室墙面的结婚照增添了空间的浪漫气氛；白色的半隔断墙面搭配通花板，丰富了空间表情。

203 卧室背景墙上金镜搭配通透花格板，打造现代简约空间的同时带来丰富的视觉变化。

204 卧室墙面淡雅的色调、特色的吊灯、精致的古典家具，传递了主人温文尔雅的审美格调。

205 大面积的木饰面令卧室气氛沉稳、内敛，造型精美的吊灯，映衬着整个空间的奢华。

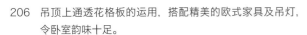

206 吊顶上通透花格板的运用，搭配精美的欧式家具及吊灯，令卧室韵味十足。

207 卧室以荷花为题材的挂画赋予了空间中式的韵味，同时令空间充满自然的气息。

208 心形的拱形门洞搭配浅紫色的软包背景，呈现给人一个浪漫轻松又温馨舒适的卧室环境。

209 素雅的色调营造了低调的欧式环境；软包背景的搭配，令空间呈现出一片宁静与祥和。

210 大面积的软包背景增添了卧室的华贵感，古典家具营造出耐人寻味的意境。

211 软包背景搭配两侧对称的木饰面，色调统一，材质上形成对比，营造出低调温馨的空间氛围。

❶ 绒布硬包　　❷ 复合实木地板　❸ 银箔壁纸　　❹ 植绒壁纸　　❺ 皮革软包
60 元／平方米　120 元／平方米　50 元／平方米　45 元／平方米　80 元／平方米

❻ 水曲柳饰面板　❼ 壁纸　　　❽ 米色软包　　❾ 无纺布壁纸　❿ 复合实木地板
35 元／平方米　45 元／平方米　80 元／平方米　45 元／平方米　120 元／平方米

212

213

214

212　硬包装饰背景，令卧室干净整洁；灯带发出的暖色灯
　　　光，令空间显得温馨而静谧。

213　白色的软包背景令空间奢华而大气，两侧深色的木饰
　　　面彰显稳重厚实的空间气氛。

214　黑白色调对比的装饰画丰富视觉，造型简洁的家具增
　　　添空间的时尚感。

215　卧室背景左右对称，令卧室更加整洁；深色的软包搭
　　　配白色的家具，色彩上形成鲜明对比，铺陈出奢华优
　　　雅的氛围。

215

216 卧室墙面黑白色调对比强烈，块面感极佳，与简洁的
家具一起营造出成熟大气又时尚温馨的环境。

217 两侧对称的白色软包令卧室清新舒适；银镜的运用视
觉上拉伸了空间，丰富了卧室层次。

218 卧室吊顶的杉木板体现了主人向往自然的生活态度，
自然的质感让空间更清新。

219 素雅的壁纸给空间带来清新自然的气息，黑白挂画的
装饰给卧室带来些许小资情调。

220 白色的家具迎合了整体的简欧风格，碎花壁纸及窗帘
令卧室更加舒适、清新。

❶ 金刚板
90 元 / 平方米

❷ 银镜
80 元 / 平方米

❸ 无纺布壁纸
45 元 / 平方米

❹ 壁纸
45 元 / 平方米

❺ 植绒壁纸
50 元 / 平方米

❻ 烤漆玻璃
90 元 / 平方米

❼ 复合实木地板
120 元 / 平方米

❽ 条纹壁纸
45 元 / 平方米

❾ PVC 壁纸
40 元 / 平方米

❿ 壁纸
45 元 / 平方米

221

222

223

221　吊顶与烤漆玻璃的图案保持一致，与深色实木家具一起令卧室散发着浓郁的中式气息。

222　白色的家具令卧室简洁、清爽，深色的装饰挂件及挂画则让空间多了几分韵味。

223　竖条纹的壁纸视觉上拉伸了纵向空间，蓝白相间的色调搭配同色系的墙面及窗帘，演绎了一种闲适优雅的品味生活。

224　镜面玻璃的运用视觉上拉伸了卧室空间，带来别样的生活情趣。

225　条纹壁纸让空间更加整体大气；镜面玻璃的出现，带来丰富的光影效果，丰富了空间表情。

224

225

226

227

228

229

226　空间设计强调色彩对比，突出视觉感受。深与浅既碰撞又和谐，给宁静沉稳的空间带来别样的情趣。

227　空间中式韵味十足，柔和内敛的壁纸搭配橡木饰面的墙面，演绎出一种闲适优雅的品位生活。

228　吊顶层叠的设计搭配精美的吊顶，打造出细腻婉约的欧式情调。

229　两侧对称的深色木饰面令卧室气氛沉稳，白色调的床铺给卧室带来高贵典雅的古典气质。

230　黑白色调对比的家具带来丰富的视觉冲击力，浅暖的软包背景营造了宁静又不失华丽的空间氛围。

231　装饰画增添了卧室的时尚感，暖色调的墙面使空间更显浪漫和温情。

230

231

❶ 无纺布壁纸
45 元 / 平方米　❷ 橡木饰面板
40 元 / 平方米　❸ 硬包
70 元 / 平方米　❹ PVC 壁纸
45 元 / 平方米　❺ 绒布软包
80 元 / 平方米　❻ 壁纸
45 元 / 平方米

❼ 壁纸
45 元 / 平方米　❽ 植绒壁纸
45 元 / 平方米　❾ 米黄大理石
180 元 / 平方米　❿ 复合实木地板
120 元 / 平方米　⓫ 印花壁纸
45 元 / 平方米

232

233

234

232　卧室床头背景暖黄色调的壁纸搭配白色的墙面及家具，使空间现代不失温馨。

233　背景墙面弧形的凹凸造型配以暖黄色调的壁纸装饰，打造了温馨、小资的简欧风格空间。

234　中式元素贯穿整个设计，体现了空间的连贯性；黑白色调的对比，令气氛沉稳内敛。

235　偌大的水晶吊灯成为空间的视觉焦点，弧形的墙面设计与圆形的床相协调，深色的硬包背景给空间带来几分精致与品位。

236　卧室墙面暖色系的壁纸搭配有色乳胶漆的墙面，打造了清新典雅的空间底色，营造温馨的睡眠环境。

235

236

237　黑白色调对比的卧室背景，丰富了视觉层次；花的图案给卧室增添生机。

238　墙面壁纸、窗帘及家具均以粉色系为主，营造了浪漫温馨的空间。

239　硬包背景增添空间的温馨感，部分墙面以相框阵列装饰，给简洁的空间增添几许生活的气息。

240　浅蓝色的墙面基调搭配白色的家具，令卧室格外的清新、舒适。

241　大面积的百叶衣柜门板令空间整洁、清新。浅灰色调的墙面营造了气氛沉稳、内敛的卧室环境。

242　卧室整体色调素雅、清新，白色家具迎合了整体简欧的装修风格。

❶ 植绒壁纸
45 元 / 平方米

❷ 印花壁纸
45 元 / 平方米

❸ 硬包
40 元 / 平方米

❹ 仿古砖
70 元 / 平方米

❺ 人造大理石
180 元 / 平方米

❻ 复合实木地板
120 元 / 平方米

❼ 复合实木地板
120 元 / 平方米

❽ 壁纸
45 元 / 平方米

❾ 壁纸
45 元 / 平方米

❿ 无纺布壁纸
45 元 / 平方米

⓫ 复合实木地板
120 元 / 平方米

243

244

243 浅粉色的墙面令儿童房温馨、浪漫，吊顶的图案设计带来别样的趣味。

244 卧室墙面的木饰面与家具色调保持一致，精美的吊灯带来别样的视觉感受，一起打造出温馨、舒适的环境。

245 拱形的门洞搭配素雅的壁纸，配以精美的壁灯及油画，营造出大气、时尚的卧室环境。

246 古朴的色调、自然的质感，让方正的卧室空间呈现出典雅的东南亚休闲风。

247 浅紫色的墙面搭配以大幅以牡丹为题材的水墨画，传达出古典美学的意境。

245

246

247

248　古朴的实木家具在浅色基调的空间里更显优雅和华贵，背景墙两侧对称的花格板强化了卧室的中式主题。

249　蓝绿色调的乳胶漆墙面营造清新、舒适的氛围，白色的家具表现了古典欧式的优雅。

250　暖黄色为卧室的主色调；精致的吊灯成为空间的视觉焦点，让空间多了一些浪漫气息。

251　卧室家具色调保持一致，搭配暖黄色的壁纸，使空间呈现一种优雅的生活品味。

252　卧室高低床的设计别具匠心；造型精美的吊灯，令空间充满着恬淡温暖的气息。

253　卧室背景两侧对称设计，搭配有色乳胶漆的墙面，空间显得优雅大方。

❶ 壁纸
45 元 / 平方米

❷ 绒布硬包
40 元 / 平方米

❸ 米黄大理石
180 元 / 平方米

❹ PVC 壁纸
40 元 / 平方米

❺ 复合实木地板
120 元 / 平方米

❻ 复合实木地板
120 元 / 平方米

❼ 亚光砖
110 元 / 平方米

❽ 硬包
45 元 / 平方米

❾ 无纺布壁纸
45 元 / 平方米

❿ 植绒壁纸
45 元 / 平方米

254　简洁的墙面设计，通过灯光的衬托来营造温馨的气氛。

255　深色的实木地板令空间呈现出含蓄又沉稳的氛围。

256　大面积的壁纸令空间氛围舒适宁静，深色的软包背景给空间增添了沉稳、从容的味道。

257　家居环境中，实木地板所承载的是直抵人心的温暖触景，每寸纹路都是坚韧宽容、厚重踏实，本案舒适沉稳的空间氛围即来源于此。

258 卧室电视背景浅黄的色调给空间带来了清新自然的气息，深色的墙贴给空间增添了一份精致美。

259 深蓝色的壁纸尽显空间的庄重大方；白色欧式家具的摆放，彰显时尚大宅的生活品味。

260 卧室沙发背景墙的凹凸造型，增添了空间的浪漫气息；暖色的灯光，带来一种无形的温暖气息。

261 同色系的硬包与壁纸装饰卧室背景，搭配精美的吊灯，营造了唯美的意境。

262 精美的罗马柱、高大的拱形门洞及暖色调的软包背景，完美演绎了大气的欧式空间。

❶ PVC 壁纸　　❷ 壁纸　　　　❸ 复合实木地板　❹ 硬包　　　　❺ 皮革软包
45 元 / 平方米　45 元 / 平方米　120 元 / 平方米　40 元 / 平方米　80 元 / 平方米

❻ 玻化砖　　　❼ 复合实木地板　❽ 无纺布壁纸　　❾ 米色软包　　❿ 壁纸
130 元 / 平方米　120 元 / 平方米　45 元 / 平方米　80 元 / 平方米　45 元 / 平方米

263

264

265

263　卧室色调沉稳内敛，古朴的家具散发着淡淡的东方韵味。

264　蓝白为卧室空间的主色调，搭配造型精美的吊灯，营造了清新、唯美
　　　的意境。

265　卧室电视背景墙暖黄色的壁纸配以暖色调的灯光，令空间呈现出柔和、
　　　优雅的氛围。

266　浅色的软包背景与家具色调保持一致，令空间纯净、舒适。

267　沉稳的木色挂件，令空间传统韵味悠然呈现；同色系的实木家具带来
　　　淡淡的中式风。

266

267

① 

268

268 白色调的家具搭配浅色的壁纸，营造了高贵又温馨的卧室环境。

269 墙面拱形的凹凸造型，搭配色彩艳丽的手绘画及白色的家具，打造出休闲的地中海风情。

270 吊顶的设计丰富空间语言；精美的吊顶搭配欧式家具，共同渲染端庄大气的卧室环境。

271 蓝白色调相互搭配并贯穿于空间的各个界面，体现了空间的连贯性，给人一种清新、舒适的感受。

272 米黄色调的壁纸渲染了庄重大气的卧室环境，摒弃了繁琐与奢华的空间，清新怡人。

269

① ②

270

③

271

④

272

⑤

❶ 植绒壁纸
45 元 / 平方米

❷ 仿古砖
100 元 / 平方米

❸ 金镜
90 元 / 平方米

❹ 无纺布壁纸
45 元 / 平方米

❺ 复合实木地板
120 元 / 平方米

❻ 复合实木地板
120 元 / 平方米

❼ 壁纸
45 元 / 平方米

❽ 仿古砖
110 元 / 平方米

❾ PVC 壁纸
45 元 / 平方米

❿ 金刚板
90 元 / 平方米

273 绿色植物的摆放缓解了中式书房的沉闷感，色彩艳丽的油画让空间富有韵味。

274 白色调的家具搭配同色系的窗帘、壁纸及坐椅，一起营造了素雅不失品味的书房空间。

275 大面积的仿古砖地面令气氛更加沉稳，柔和内敛的暖色调。演绎一种闲适优雅的品味生活。

276 暖色调的沙发搭配白色的家具，让书房更加简洁、清爽。

277 蓝色的坐椅给素白的空间带来清新的视觉感受；铁艺通花的搭配，使空间富有自然质感。

275

273

276

274

277

278 大面积的深色木饰面缔
　　造出一个安静、沉稳的
　　工作区域。

279 摒弃厚重的大班桌椅，
　　一套造型简洁的桌椅带
　　出一个简约时尚的书房
　　空间。

280 巧妙地利用飘窗作为休
　　息坐椅，别具匠心。

281 卷草纹图案的壁纸搭配
　　白色的书桌椅，为整个
　　空间营造一种舒适、轻
　　松的氛围。

282 暖色调的壁纸搭配实木
　　通花板的挂件，精美的
　　吊灯及博古架，令书房
　　中式韵味十足。

❶ 复合实木地板 120 元 / 平方米　❷ 水曲柳饰面板 35 元 / 平方米　❸ PVC 壁纸 45 元 / 平方米　❹ 无纺布壁纸 45 元 / 平方米　❺ 复合实木地板 120 元 / 平方米　❻ 壁纸 45 元 / 平方米

❼ 泰柚木饰面板 40 元 / 平方米　❽ 复合实木地板 120 元 / 平方米　❾ 植绒壁纸 45 元 / 平方米　❿ PVC 壁纸 45 元 / 平方米　⓫ 壁纸 40 元 / 平方米

283

284

286

288

285

287

283　紫光檀的书架与书桌造型简洁，与白色调的坐椅形成
　　视觉对比，营造沉稳、内敛的读书环境。

284　橡木饰面板大量运用在书房的墙面、书柜及门板，巧
　　妙地将各个部分融为一体，体现了整体的连贯性。

285　大面积的实木通花板与书柜、书桌材质保持一致，体
　　现了主人的中式情结。

286　书房敞开式设计，搭配简洁的家具及精美的吊灯，营
　　造了安闲自在的感觉。

287　层叠的吊顶设计搭配精美的吊灯丰富空间层次，白色
　　调的书柜彰显空间不凡的品味。

288　书房和卧室用通透的花格板隔开，不仅区分了空间，
　　还带来了灵动的气息。

289

290

291

292

289 中式的隔断和古典的书桌椅相得益彰，使空间洋溢着传统的气息。

290 横条纹的白色推拉门增强了书房的立体效果；书桌椅极具设计感，营造出不同凡响的空间。

291 书房墙面镜面玻璃的运用丰富了空间的视觉效果，浅色的木饰面彰显空间的清新舒适。

292 书房是需要阳光的地方，温暖的太阳总是让人舒适地学习、思考。

293 深色的实木地板奠定了空间沉稳的基调；中式家具搭配墙面的挂画，营造安闲自在的感觉。

293

❶ 绒布硬包　　　❷ 复合实木地板　　❸ 榉木饰面板　　　❹ 金刚板　　　　　❺ 无纺布壁纸
60 元 / 平方米　　120 元 / 平方米　　40 元 / 平方米　　　80 元 / 平方米　　　40 元 / 平方米

❻ 无纺布壁纸　　　❼ 复合实木地板　　❽ 壁纸　　　　　　❾ 壁纸　　　　　　❿ 复合实木地板
40 元 / 平方米　　　120 元 / 平方米　　40 元 / 平方米　　　40 元 / 平方米　　　120 元 / 平方米

294

295

296

297

298

294　方形的宫灯、暖色调壁纸、透雕木质花格、古朴的
　　　家具，令空间中式韵味十足。

295　书房的一侧采用大面积的书柜设计，兼具功能性与
　　　装饰性。天花不设主光源，隐藏灯带打出柔和的弱
　　　光，宁静的空间氛围更适合沉思与冥想。

296　沉稳的家具色调搭配暖黄色的壁纸，令书房更加温
　　　婉宁静；挂画极具装饰效果，散发出时尚与自然的
　　　气息。

297　深色的紫光檀家具搭配墙面同色系的实木挂件，令
　　　书房风格稳健成熟。

298　吊顶的木质架构搭配特色吊灯，拉高了空间的华丽
　　　气势；实木家具把中式韵味渗透到每个角落。

299

300

299 设计师运用了木元素特有的自
然纹理和色彩温润的特性，配
合灯光效果，铺陈出满室融融
的暖意。

300 精致的中式家具在灯光的衬托
下凸显古典美；书架既实用又
美观，营造了幽深的静谧感。

301 杏黄色的乳胶漆刷出清新怡人
的底色；大量的拱形门洞搭配
木质的层板，演绎出乡村田园
的气息。

302 白色调的家具及壁纸带来温暖
自然的气息。

303 白色的家具颜色给浪漫的紫色
镀上了一层"素雅志气"，令
书房高贵大方。

301

302

303

❶ 无纺布壁纸
40 元 / 平方米

❷ 复合实木地板
120 元 / 平方米

❸ 仿古砖
100 元 / 平方米

❹ 壁纸
40 元 / 平方米

❺ PVC 壁纸
40 元 / 平方米

❻ 植绒壁纸
40 元 / 平方米

❼ 复合实木地板
120 元 / 平方米

❽ 壁纸
40 元 / 平方米

❾ 复合实木地板
120 元 / 平方米

❿ 有色乳胶漆
30 元 / 平方米

304

305

306

304　深色的书柜搭配浅色的书桌，高雅大方。

305　经典的欧式家具增添了空间的高贵气质；浅紫色的垂帘，烘托出舒适、高雅的情调。

306　素雅的地面墙面给人优雅怀旧的感觉。

307　精美的古典家具增添空间的华贵感，令书房流露出气派、庄严的气质。

308　书柜里的镜面玻璃丰富了空间语言，带来明亮的视觉效果。白色书桌椅令书房呈现出高贵典雅的欧式风情。

307

308

309 以抬高地面的方式来区分空间，书房绿色植物的摆放给人带来清新的感受。

310 靠窗的书桌设计为读书提供一个明亮的环境；不同规格的弧形层板，张扬个性美，带来不一样的视觉感受。

311 书房沙发的摆放让人在读书之余，可以享受一下安静的环境，演绎一种闲适优雅的品味生活。

312 窗户带来开阔的视野，大面积的书柜实用美观，以梅为题材的挂画将中式的沉稳古朴、温馨雅致集于一室。

313 深色的实木地板奠定了空间沉稳的基调；中式家具搭配吊顶的花格装饰，令书房散发着浓浓的东方韵味。

310

309

311

312

313

❶ 壁纸
40 元 / 平方米

❷ 金刚板
80 元 / 平方米

❸ PVC 壁纸
40 元 / 平方米

❹ 橡木饰面板
40 元 / 平方米

❺ 复合实木地板
120 元 / 平方米

❻ 无纺布壁纸
40 元 / 平方米

❼ 地毯
100 元 / 平方米

❽ 条纹壁纸
40 元 / 平方米

❾ PVC 壁纸
40 元 / 平方米

❿ 复合实木地板
120 元 / 平方米

314 方中套圆的吊顶设计增添了空间的层次感，
墙面的镜面玻璃装饰令书房更加明亮。

315 书房空间以黑白色调为主，带来强烈的视觉
反差，增强了空间的时尚感。

316 敞开式的书房设计令读书区域更加宽敞，竖
条纹的壁纸视觉上拉伸了纵向空间。

317 拱形的门洞搭配白色的通花板隔开了书房和
客厅；深色的书柜搭配浅色的墙面壁纸，呈
现出一种优雅的生活品味。

318 书房家具极简的设计、深色的木饰面，令空
间弥漫着优雅的气质。

314

315

316

317

318

319

320

321

322

323

319 实木书桌搭配红色的桌旗，营
造儒雅的中式韵味。暖黄色
调的壁纸赋予了空间宁静感。

320 精美的中式挂件及吊灯搭配
中式的家具，表达了主人的
中式情结。

321 中式风格的书房韵味十足，
青花瓷的花瓶、大幅的书法
作品，使空间散发着独特的
韵味。

322 灯带发出的暖色灯光营造了
柔和的空间气氛；深色实木
的家具搭配浅色的壁纸，营
造了清幽素雅的魅力空间。

323 书房家具呼应整体的中式装
修风格，随处可见的中式摆
件散发出淡淡的传统韵味。

❶ 植绒壁纸
40元/平方米

❷ 复合实木地板
120元/平方米

❸ 柚木饰面板
40元/平方米

❹ 复合实木地板
120元/平方米

❺ 无纺布壁纸
40元/平方米

❻ 印花壁纸
40元/平方米

❼ 复合实木地板
120元/平方米

❽ 壁纸
40元/平方米

❾ 金箔
60元/平方米

❿ 玻化砖
110元/平方米

324 用方形及圆形的吊顶造型区分书房和休闲区域，独具匠心。

325 绿色植物的摆放给书房带来自然的气息，深色的家具表达了主人沉稳的个性。

326 精美的吊灯成为空间的视觉焦点，同色系的书桌及书柜展现了一种内敛的魅力。

327 吊顶的金箔在暖色灯光的照射下将书房烘托得高贵、华丽，迎合了空间的欧式装修风格。

328 浅色的乳胶漆墙面与白色的玻化砖气韵相合，奠定了明亮舒适的空间基调；简洁的家具使空间充满了现代的气息。

324

325

326

327

328

329 两个偌大的落地窗为读书提供了一个明亮的环境。

330 白色的墙裙搭配暖黄色调的壁纸，营造温馨、舒适的读书环境。

331 精美的吊灯发出的暖色灯光，将书桌烘托得既精致又奢华。

332 书房绿色植物带来自然气息，同材质的书桌与书柜流露出庄严气派的气质。

333 两侧对称的书柜设计体现了空间的和谐统一，橡木纹理令空间更显沉稳、高雅。

❶ 米黄大理石
180 元 / 平方米

❷ 植绒壁纸
50 元 / 平方米

❸ 壁纸
40 元 / 平方米

❹ 铁刀木饰面板
40 元 / 平方米

❺ 柚木饰面板
40 元 / 平方米

❻ 复合实木地板
120 元 / 平方米

❼ 无纺布壁纸
40 元 / 平方米

❽ 壁纸
40 元 / 平方米

❾ 复合实木地板
120 元 / 平方米

❿ 镜面玻璃
90 元 / 平方米

334　暖黄色调的墙面搭配中式的家具及吊灯，令淡淡的
　　　传统韵味散发在宁静的空间里。

335　没有过多修饰的墙面搭配两幅以牡丹为题材的水墨
　　　画，令书房呈现出一种优雅的生活品位。

336　书房空间欧式韵味十足，精美的家具搭配流光溢彩
　　　的吊灯，空间显得异常华美。

337　书柜白色的拱形造型演绎欧式经典之美，插花的摆
　　　放多角度铺陈出空间的优雅格调。

338　大幅山水画作品气势雄伟，结合气质古朴的家具，
　　　将东方传统美学演绎得淋漓尽致。

334

335

336

337

338

339 书房吊顶延续墙面的多边形设计；白色的墙面搭配深色的家具，令整个空间既不过分张扬又不失雍容典雅。

340 格子造型的书柜，浅白的色调，演绎一种闲适优雅的品位生活。

341 玻璃的顶棚带来明亮的视觉效果，绿色植物带来轻盈的动感与自然的气息。

342 阵列的凹凸书柜极具装饰效果，搭配同色系的书桌，令空间散发着时尚的气息。

343 书房大胆运用中式风格，实木书桌椅及中式风格的陈设展现出空间的完整性和雍容的气度。

❶ 复合实木地板
120 元 / 平方米

❷ PVC 壁纸
40 元 / 平方米

❸ 壁纸
40 元 / 平方米

❹ PVC 壁纸
40 元 / 平方米

❺ 复合实木地板
120 元 / 平方米

❻ 金刚板
80 元 / 平方米

❼ 复合实木地板
120 元 / 平方米

❽ 印花壁纸
40 元 / 平方米

❾ 无纺布壁纸
40 元 / 平方米

❿ 复合实木地板
120 元 / 平方米

344

345

346

347

348

344 白色的书桌搭配紫色的坐椅，营造小资、浪漫的氛围；大幅色彩艳丽的油画，强调了空间的华美大气。

345 书房的一侧采用完全对称的书架组合设计，兼具功能性与装饰性。

346 采用多种相框组合装饰墙面，营造一种典雅、温馨的氛围。

347 色调清幽的空间里，山水画与水墨画的出现，令儒雅的空间尽显非凡格调。

348 深色的实木书桌与竖条纹的白色墙面形成鲜明对比，表达出纯净与时尚感。

349 吊顶的凹凸设计用黑镜装饰，增加视觉张力。

350 暖黄色为书房的主色调，书柜木饰面的木纹带来特有的气质，使整个空间体现出素雅的现代感。

351 书房靠墙的书桌书柜设计简洁实用，红色的坐椅使空间弥漫着淡淡的浪漫气息。

352 吊顶的设计弱化了原有的梁构，大面积天然木地板的铺设，时尚而温馨。

353 层叠的凹凸造型有序地排列在吊顶上，带来的趣味效果具有视觉冲击力。

❶ 枫木饰面板
35 元 / 平方米

❷ 金刚板
90 元 / 平方米

❸ 壁纸
40 元 / 平方米

❹ 无纺布壁纸
40 元 / 平方米

❺ 绒布硬包
60 元 / 平方米

❻ 复合实木地板
120 元 / 平方米

❼ 水曲柳饰面板刷白漆
40 元 / 平方米

❽ 玻化砖
130 元 / 平方米

❾ 水曲柳饰面板
40 元 / 平方米

❿ 复合实木地板
120 元 / 平方米

354　书柜拱形的造型搭配精美的家具及吊灯，令空间显得华
　　　丽而大气。

355　白色调的书桌椅带来一种清新舒适的读书环境。

356　书柜设计左右对称，令书房更加整洁，清新的木色调营
　　　造了精致细腻的读书环境。

357　深色的实木地板营造了稳重的空间氛围，白色的书桌赋
　　　予空间的欧式古典韵味。

358　白色为书房的主色调，简洁的家具极具设计感，红色的
　　　坐椅呈现出个性十足的现代感。

355

354

356

357

358

360

361

362

359 墙面与地面的花色保持一致，
空间统一连贯，搭配简洁的
现代家具，使空间更显高雅。

360 轻柔明快的色彩散发着梦幻
般的感觉，沉浸在这样的空
间里读书未尝不是一件好事。

361 书房空间中黑与白的对比带
来简约的时尚感。

362 吊顶的木质结构拉升了空间
的华丽气势；深色的家具搭
配柔和内敛的暖色调，演绎
一种闲适优雅的品位生活。

363 米黄色的大理石墙面带出高
贵典雅的气质，书柜中暖色
灯光的搭配，令氛围更为静
谧柔和。

363

❶ 壁纸
40 元 / 平方米

❷ 仿古砖
70 元 / 平方米

❸ 复合实木地板
120 元 / 平方米

❹ PVC 壁纸
40 元 / 平方米

❺ 玻化砖
110 元 / 平方米

❻ 金刚板
80 元 / 平方米

❼ PVC 壁纸
40 元 / 平方米

❽ 复合实木地板
120 元 / 平方米

❾ 复合实木地板
120 元 / 平方米

❿ 米黄大理石
180 元 / 平方米

364

365

366

367

368

364 黑色调的墙面搭配白色的书桌、书柜，令书房
呈现强烈的视觉冲击力，带来时尚感。

365 书房吊顶的镜面玻璃视觉上拉伸纵向空间，带
来丰富的视觉感受。精美的水晶吊灯带来一丝
浪漫的气息。

366 文化石展现质朴的特质，将原野和山川的神采
展现在眼前，令读书环境轻松、自在。

367 多处的落地窗让书房倍感明亮，层叠的书架延
续吊顶的多边形造型，空间更整体、统一。

368 半隔断的墙体用米黄石材装饰，搭配垂帘的造
型，给简单闲适的空间增添了浓郁的生活情趣。

369

371

370

372

369 从墙面延续到吊顶的线条造
型，体现了空间的和谐统一。
黑色调的书桌与书柜令气氛
更加沉稳。

370 墙面黑白色调的对比搭配色
彩艳丽的装饰画，彰显时尚
洒脱的空间个性。

371 层叠的吊顶设计展现了欧式
风格的大方雅致，精美的吊
灯彰显大宅的雍容风范。

372 水晶吊灯为静谧的读书环境
带来一丝浪漫的气息。

373 敞开式的书房设计轻松、舒
适；华美的吊灯和精美的家
具，流露出时尚与奢华的气
息。

373

❶ 壁纸
40元 / 平方米

❷ 复合实木地板
120元 / 平方米

❸ 印花壁纸
40元 / 平方米

❹ 无纺布壁纸
40元 / 平方米

❺ 复合实木地板
120元 / 平方米

❻ 壁纸
40元 / 平方米

❼ 植绒壁纸
50元 / 平方米

❽ 壁纸
40元 / 平方米

❾ 金刚板
80元 / 平方米

❿ 复合实木地板
120元 / 平方米

374

375

376

377

378

374 书柜浅白的色调，对称的造型，令书房空间自由洒脱。

375 紫色调的坐椅为空间注入浪漫气息，吊顶的线条，展现了精彩的细节设计。

376 书房整体色调清新、舒适，奢华的书桌椅展现主人不凡的生活品位。

377 极简的设计、淡雅的色调展现生活的轻松自在。

378 墙面的暖色壁纸在灯光的烘托下，极好地渲染了书房的温馨气氛。

379 书房空间以黑白色调为主，黑色的坐椅极具设计感，使空间更具时尚气息。

380 灯带的暖色灯光渲染出宁静和理性的氛围，令书房散发着宁静淡雅的气息。

381 没有主灯的照射，灯带的灯光亦能烘托出书房的时尚与优雅。

382 整面墙的书柜设计实用大方，深色的书桌给简单闲适的空间增添了浓郁的生活情趣。

383 精美的中式吊灯搭配实木的书桌椅，呈现出一个古朴自然的空间氛围。

384 极具艺术感的吊灯、白色的欧式书桌搭配色彩艳丽的油画作品，展现主人高端生活品位。

❶ PVC 壁纸　❷ 复合实木地板　❸ 金刚板　❹ 铁刀木饰面板　❺ 复合实木地板
40 元 / 平方米　120 元 / 平方米　80 元 / 平方米　40 元 / 平方米　120 元 / 平方米

❻ 壁纸　❼ 无纺布壁纸　❽ 复合实木地板　❾ 壁纸　❿ 素色壁纸
45 元 / 平方米　45 元 / 平方米　120 元 / 平方米　45 元 / 平方米　45 元 / 平方米

386

385

387

388

385　深色的书桌椅奠定了空间沉稳的基调，搭配白色的沙发，打造出鲜活多变、自由洒脱的书房环境。

386　清爽整洁的家具陈设，营造出纯美、简约的读书区域。

387　空间选用自然质朴的色调，墙面壁纸和柚木饰面板的线条纹理整体性强又富有变化，带来简洁明快而又柔和温馨的视觉感受。

388　暖色调的壁纸烘托温馨的气氛，同材质的书桌书柜完美演绎了空间的整体性。

389

390

391

392

393

389 竖条纹壁纸搭配白色的书柜，空间呈现整洁、清新的视觉感受，给读书带来愉悦的心情。

390 书房墙面以暖色调为主，清新怡人；两侧对称的弧形造型，令气氛自由洒脱。

391 壁纸的书法字体搭配中式的书桌，令空间散发着浓浓的古典韵味；绿植则给静谧的空间带来几许清新气息。

392 层叠的圆形吊顶搭配华美的吊灯，空间流露出高雅的气派。

393 有色乳胶漆的墙面表达出空间的纯净感；连续的拱形造型，彰显出柔美的内涵。

❶ PVC 壁纸
45 元 / 平方米

❷ 壁纸
45 元 / 平方米

❸ 复合实木地板
120 元 / 平方米

❹ 无纺布壁纸
40 元 / 平方米

❺ 有色乳胶漆
30 元 / 平方米

❻ 米黄大理石
180 元 / 平方米

❼ 壁纸
45 元 / 平方米

❽ 复合实木地板
120 元 / 平方米

❾ 复合实木地板
120 元 / 平方米

❿ 软包
80 元 / 平方米

394

395

396

397

398

394 米黄石材大量运用于地面及墙面，打造了高贵雅致的欧式空间。

395 靠窗的一侧摆放书桌，给读书带来很好的光线；碎花壁纸给书房带来温暖舒适之感。

396 整面墙的书柜具有强大的收纳展示功能，大幅摄影作品给静谧的书房带来自然舒适之感。

397 书桌与书柜成一系列，给空间创造出复古、奢华的基调。

398 吊顶的镂空花格给书房带来灵动感，红色调的坐椅表现出潇洒的活力。

399 墙面以琴谱为元素的装饰画给书房带来律动感。

400 书房色调清新淡雅，黑白色调对比的家具增添空间的时尚感。

401 吊顶的设计拉伸了书房高度；精美的欧式家具搭配暖黄色壁纸，营造典雅、高贵的气氛。

402 空间以暖黄色铺陈，扇形的挂件、吊顶的通透花格板及中式家具的摆放，令书房清逸不失优雅。

403 大尺寸的书柜满足使用功能，点缀生趣盎然的绿植，平添几分悠闲自得。

❶ 金刚板
80 元 / 平方米

❷ 无纺布壁纸
45 元 / 平方米

❸ 植绒壁纸
45 元 / 平方米

❹ 金箔壁纸
60 元 / 平方米

❺ 复合实木地板
120 元 / 平方米

❻ 文化石
90 元 / 平方米

❼ 壁纸
45 元 / 平方米

❽ 玻化砖
110 元 / 平方米

❾ 植绒壁纸
45 元 / 平方米

❿ 壁纸
45 元 / 平方米

404

405

406

404 文化石的墙面搭配中式的家具，"描绘"出一种惬意的原味生活。

405 中式的吊顶搭配吊顶的透空板，打造出主题鲜明的空间；巨幅水墨画是视觉焦点，凸显空间的华贵气派。

406 一盏精美的吊灯令静谧的空间变得柔软。独具匠心的抬高设计，赋予了空间双重功能。

407 书柜的对称设计带来整洁的感觉，镜面玻璃柜门带来丰富的视觉效果。

408 蓝白色调营营造了轻松、舒适又温馨、典雅的读书环境。

407

408

409

410

411

412

409 深色的实木地板令读书环境更静谧，同色调的家具展现了空间的整体性。

410 爵士白大理石的地面搭配白色调的家具，使空间更加明亮，展现一种洒脱的生活态度。

411 地面的米黄石材令气氛静谧、温馨，不同规格的黑白挂画排列在素白的墙面上，给空间增添了艺术气息。

412 书房部分吊顶用玻璃代替，中式风格的读书环境更加明亮，绿植为空间带来清新的气息。

413 水曲柳的书柜搭配暖色调的壁纸，营造温馨细腻的空间氛围；欧式家具道出了空间的尊贵、大气。

413

❶ 复合实木地板
120 元 / 平方米

❷ 玻化砖
100 元 / 平方米

❸ 米色玻化砖
120 元 / 平方米

❹ 复合实木地板
120 元 / 平方米

❺ 水曲柳饰面板
35 元 / 平方米

❻ 浅啡网纹大理石
230 元 / 平方米

❼ 实木地板
180 元 / 平方米

❽ 无纺布壁纸
45 元 / 平方米

❾ 银箔壁纸
45 元 / 平方米

❿ 玻化砖
130 元 / 平方米

414 白色调的空间，黑镜的装饰，带来强烈的视觉对比，丰富了空间语言。

415 吊顶的设计延续了建筑的多边形，拱形的窗洞及壁炉的设计表现出欧式古典的优雅。

416 吊顶的透空花格板彰显出华美大气的中式风格；大幅挂画及家具烘托出中式氛围。

417 对称的书柜造型令书房更加整洁，镜面玻璃的运用引申出虚实变换的空间表情，空间显得异常华美。

418 素雅的色调营造了静谧温馨的读书环境，精美的吊灯平添几分"悠然自得"。

414

415

416

417

418

419 造型简洁的书柜书桌让空间更加整体大气，素雅的壁纸渲染出端庄大气的读书空间。

420 柔和内敛的暖色调，演绎一种闲适优雅的品位生活。

421 地毯的铺设给书房带来别样的魅力；欧式家具的摆放，营造了典雅的空间氛围，凸显主人的生活品位。

422 层次递进的吊顶设计拉伸视觉，空间利用家具深色调内敛的特性调和出别具一格的空间风范。

423 白色的家具搭配有色的墙面漆，给人一种宁静致远的视觉感受，令气氛轻松舒适。

424 以杉木板装饰吊顶，天然的木材纹理在暖色灯光的照射下，给空间带来静谧的格调。

❶ 植绒壁纸
45 元 / 平方米

❷ 条纹壁纸
45 元 / 平方米

❸ 地毯
100 元 / 平方米

❹ 柚木饰面板
40 元 / 平方米

❺ 复合实木地板
120 元 / 平方米

❻ 无纺布壁纸
45 元 / 平方米

❼ 水曲柳饰面板
35 元 / 平方米

❽ 爵士白大理石
180 元 / 平方米

❾ 复合实木地板
120 元 / 平方米

❿ 复合实木地板
120 元 / 平方米

⓫ 壁纸
45 元 / 平方米

425

426

425 对称造型的白色书柜，令空间恬静、清新。

426 白色的家具与有色乳胶漆的墙面形成对比，简单柔和的色调搭配，带来非凡的视觉感受。

427 整面墙的书柜设计极具装饰及收纳功能，同色系的书桌强调了空间的统一性与整体性。

428 多边形的吊顶设计丰富了空间的视觉变化。深色的实木地板令书房气氛静谧沉稳。

429 暖黄色带古汉字的壁纸奠定了空间的中式基调，大幅山水画及随处可见的中式元素令淡淡的传统雅韵散发在宁静的空间里。

427

428

429

430

431

432

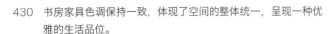

433

430 书房家具色调保持一致，体现了空间的整体统一，呈现一种优雅的生活品位。

431 敞开式的书房设计令读书区域更加宽敞；书柜中镜面玻璃的运用，缓解了墙面材质的单一感，令空间表情丰富起来。

432 墙面简单的壁纸装饰，凸显家具的大气。至简的手法令空间沉稳而不做作，低调而不失内涵。

433 墨绿色的墙面搭配白色的装饰画，色调深浅搭配，组合层次鲜明，立体感强。

434 书柜中的灯光将其烘托得庄重而富有气质；仿古家具的摆放，赋予了空间深厚的文化底蕴。

435 空间素雅的色调令读书环境轻松、舒适；精美的吊灯令空间气氛活跃起来。

434

435

❶复合实木地板
120元/平方米

❷复合实木地板
120元/平方米

❸PVC壁纸
40元/平方米

❹有色乳胶漆
30元/平方米

❺无纺布壁纸
45元/平方米

❻金刚板
80元/平方米

❼复合实木地板
120元/平方米

❽复合实木地板
120元/平方米

❾无纺布壁纸
45元/平方米

❿有色乳胶漆
30元/平方米

⓫植绒壁纸
50元/平方米

436

437

438

436　木色空间呈现单纯的宁静，粉色系的休闲坐椅给
　　　现代空间带来小资情调。

437　暖色调的墙面搭配深色的实木家具，带来视觉上
　　　的趣味效果；优雅的灯光烘托出静谧的氛围。

438　米黄色调的吊顶壁纸在灯光的烘托下，温馨典雅；
　　　深色的家具演绎出独特的韵律。

439　白色的家具搭配灰色的乳胶漆墙面，营造了宁静
　　　淡雅又不失时尚气息的读书空间。

440　书房空间以白色为主色调，绿植及装饰画的摆放，
　　　令空间弥漫着浓郁的自然气息。

439

440

441

442

441 简洁的书柜用灯带烘托，自然的木色散发着淡雅、落落大方的气质。

442 暖黄色调的壁纸赋予了空间宁静感，整面墙的书柜设计，带来很好的展示及收纳功能。

443 黑白色调的坐椅搭配自然的木色家具，空间时尚而不失温馨。

444 抬高的地面区分空间，黑白色调对比的家具，极富时尚个性。黑镜的运用，视觉上拉伸了空间。

445 白色的家具搭配碎花壁纸，令读书环境轻松、舒适。

443

444

445

❶ 无纺布壁纸
40 元 / 平方米

❷ PVC 壁纸
45 元 / 平方米

❸ 枫木饰面板
35 元 / 平方米

❹ 玻化砖
130 元 / 平方米

❺ 复合实木地板
120 元 / 平方米

❻ 金刚板
80 元 / 平方米

❼ 白色大理石
180 元 / 平方米

❽ 软包
80 元 / 平方米

❾ 复合实木地板
120 元 / 平方米

❿ 壁纸
45 元 / 平方米

446

447

448

446　深色的实木家具令书房气氛静谧、沉稳，中式吊灯营造了唯美的意境。

447　精心搭配的古典家具令书房空间显得高贵不凡，彰显时尚大宅的生活品位。

448　圆形的吊灯设计柔化了空间，精美的吊顶搭配奢华的家具令欧式空间的典雅气息弥漫开来。

449　中式的顶灯、实木床榻及书法字画，给空间带来淡淡的中式韵味。

450　暖色调壁纸奠定了温馨的空间基调，白色的欧式家具使空间充满雍容华贵的气息。

449

450

451

452

453

451　以吊顶的不同设计来区分空间，独具匠心；墙面的凹凸造型给静谧的空间带来情趣。

452　深色的木线条框出了静谧的书房环境，延续原有建筑的尖顶设计，打造了别样的中式风格。

453　浅绿色的墙纸搭配白色的家具，气氛清新怡人；精美的吊灯令空间融入几许浪漫的情怀。

454　吊顶的设计在灯光映射下呈现立体感和空间感，圆光罩造型的门洞给空间增添了曲径通幽的别样情趣。

455　白色的家具搭配暖色调壁纸，营造出温馨而自然的生活氛围。水晶吊灯给静谧的书房带来灵动感觉，令空间气氛活跃起来。

456　书房以实木地板铺设地面，大方雅致；简约家具的运用让空间气韵生动起来。

454

455

456

❶ 复合实木地板
120 元 / 平方米

❷ 无纺布壁纸
40 元 / 平方米

❸ PVC 壁纸
45 元 / 平方米

❹ 植绒壁纸
45 元 / 平方米

❺ 素色壁纸
45 元 / 平方米

❻ 植绒壁纸
50 元 / 平方米

❼ 无纺布壁纸
45 元 / 平方米

❽ 硬包
40 元 / 平方米

❾ 玻化砖
100 元 / 平方米

❿ 金刚板
80 元 / 平方米

457

458

459

457 深色调的书桌椅以其特有的魅力装
点着空间，大理石的地面令空间尽
显高雅气韵。

458 卧室的一隅作为书房，恰到好处；
硬包装饰的墙面带来肃静、典雅的
气息。

459 通过地面的抬高来区隔空间；精美
的吊灯，将读书区域烘托得轻松、
时尚。

460 书桌靠窗摆放带来明亮的效果，整
体的白色家具展现简欧风格的魅
力。

460

461 书房以实木地板铺设地面，大方雅致；中式家具的运用让简约的空间气韵生动起来；水墨画的出现，流露出主人的中式情结。

462 黑白色调的竖条纹壁纸带来丰富的视觉效果，白色调的书桌椅呈现出一种优雅的生活品位。

463 吊顶的弧形造型设计给空间带来流动感，使简欧空间气氛活跃起来。

464 铁艺通花搭配门洞的倒角设计，带出了空间的地中海风情。

465 书柜、书桌及家具的色调保持一致，体现了空间的和谐统一，搭配中式的吊灯，让淡淡的雅韵散发在宁静的空间里。

❶ 复合实木地板
120 元 / 平方米

❷ 条纹壁纸
45 元 / 平方米

❸ PVC 壁纸
40 元 / 平方米

❹ 金刚板
90 元 / 平方米

❺ 复合实木地板
120 元 / 平方米

❻ 印花壁纸
45 元 / 平方米

❼ 复合实木地板
120 元 / 平方米

❽ 壁纸
45 元 / 平方米

❾ 复合实木地板
120 元 / 平方米

❿ PVC 壁纸
45 元 / 平方米

466　三幅色彩艳丽的油画令静谧的空间活跃起来。

467　白色的对称书柜搭配造型简洁的书桌，营造了一个时尚温馨的现代书房。

468　卷草纹图案的壁纸营造了一个素雅的简欧空间，吊顶的凹凸弧形设计给静谧的
空间带来灵动感。

469　吊顶的花格线条迎合了整体的中式装修风格，红木的书桌椅令空间沉稳而不做
作，低调而不失内涵。

470　绿色调的壁纸搭配白色的家具，令小小的书房空间流露出自然清新的气息。

466

467

468

469

470

471　精美的水晶吊灯令书房大气、时尚。

472　暖黄色的墙漆、白色的吊顶，以及百叶柜门，一起打造了温馨、小资的简欧空间。

473　奢华的古典家具与整体设计相吻合，大气、时尚；竖条纹的壁纸拉伸了竖向的视觉空间。

474　精美的家具凸显主人的生活品位，偌大的圆形吊顶给空间带来律动感。

475　中式的家具搭配随处可见的中式元素，彰显稳重厚实的空间氛围。

472

471

473

474

475

❶ 有色乳胶漆
30元/平方米

❷ 复合实木地板
120元/平方米

❸ 无纺布壁纸
40元/平方米

❹ 植绒壁纸
45元/平方米

❺ 实木地板
180元/平方米

❻ 印花壁纸
45元/平方米

❼ 无纺布壁纸
45元/平方米

❽ 壁纸
45元/平方米

❾ 无纺布壁纸
45元/平方米

❿ 杉木板
45元/平方米

476

477

478

479

476 连续的拱形门洞搭配暖色调的壁纸，温馨、浪漫；吊顶的实木线条丰富了空间的表情。

477 床头背景心形的设计令卧室浪漫、温馨，吊顶的设计给人一种宁静致远的视觉感受。

478 床头背景造型对称，带来整洁感。米黄的色调、富有品位的软装，共同营造了高贵又温馨的卧室环境。

479 竖条纹的壁纸带来清新的感受，素色家具给空间增添一些时尚气息。

480 粉色系的碎花壁纸搭配白色的家具，空间因此显得温馨、静谧。吊顶的设计丰富了空间层次。

480

参编人员： 冷运杰 刘晓萍 夏振华 梅建亚 刘明富 虞旭东 吴文华
邹广明 汪大锋 何志潮 邱欣林 吴旭东 覃 华 卓瑾仲
周 游 尚昭俊 赵 桦 丘 麒 刘礼平 吴晓东 齐海梅

**图书在版编目（CIP）数据**

家居细部与材料价格详解2000例.卧室 书房 / 华浔
品味装饰编著.—福州：福建科学技术出版社，2014.6
ISBN 978-7-5335-4548-2

Ⅰ.①家… Ⅱ.①华… Ⅲ.①卧室－室内装饰设计－
图集②卧室－室内装修－装修材料③书房－室内装饰设
计－图集④书房－室内装修－装修材料 Ⅳ.①TU767-64
②TU56

中国版本图书馆CIP数据核字（2014）第060364号

| | | |
|---|---|---|
| 书　　名 | 家居细部与材料价格详解2000例　卧室 书房 | |
| 编　　著 | 华浔品味装饰 | |
| 出版发行 | 海峡出版发行集团 | |
| | 福建科学技术出版社 | |
| 社　　址 | 福州市东水路76号（邮编350001） | |
| 网　　址 | www.fjstp.com | |
| 经　　销 | 福建新华发行（集团）有限责任公司 | |
| 印　　刷 | 福建彩色印刷有限公司 | |
| 开　　本 | 889毫米×1194毫米　1/16 | |
| 印　　张 | 6 | |
| 图　　文 | 96码 | |
| 版　　次 | 2014年6月第1版 | |
| 印　　次 | 2014年6月第1次印刷 | |
| 书　　号 | ISBN 978-7-5335-4548-2 | |
| 定　　价 | 29.80元 | |

书中如有印装质量问题，可直接向本社调换